FORSCHUNGSBERICHTE DES LANDES NORDRHEIN-WESTFALEN

Nr. 1843

Herausgegeben im Auftrage des Ministerpräsidenten Heinz Kühn
von Staatssekretär Professor Dr. h. c. Dr. E. h. Leo Brandt

DK 539.1:537.1:537.5:533.9

Prof. Dr. rer. nat. Günter Ecker
Dipl.-Phys. Karl-Heinz Spatschek

Institut für theoretische Physik der Ruhr-Universität, Bochum

Fallende Charakteristik und Instabilität der stoßbestimmten Helium-Plasmasäule

WESTDEUTSCHER VERLAG · KÖLN UND OPLADEN 1967

ISBN 978-3-663-06306-3 ISBN 978-3-663-07219-5 (eBook)
DOI 10.1007/978-3-663-07219-5

Verlags-Nr. 011843

Gesamtherstellung: Westdeutscher Verlag

Vorwort

Unsere Analyse des stationären Verhaltens der stoßbestimmten Plasmasäule geht über den Rahmen der bisherigen Untersuchungen hinaus, indem sie Temperaturinhomogenitäten berücksichtigt. Die nicht-stationäre Theorie erfaßt den Bereich der linearen Näherung. Die Berechnung basiert auf den Transportgleichungen der ersten drei Geschwindigkeitsmomente. Diese Gleichungen lassen sich auf zwei simultane Differentialgleichungen für Elektronendichte und Neutralgastemperatur reduzieren, die mit numerischen Methoden gelöst werden. Zur Ermittlung der marginalen Instabilität verwenden wir das MYKLESTAD-Verfahren. Die Ergebnisse zeigen, daß mit zunehmendem Energieumsatz eine starke Temperaturinhomogenität vorhanden ist, die sich auf alle Entladungsdaten auswirkt. Insbesondere bedingt der Einfluß thermischer Effekte eine negative Strom-Spannungscharakteristik. Die Bestimmung der marginalen Instabilität gibt für den stabilen Bereich einen vom äußeren Widerstand abhängigen minimalen Strom an. Dieser kann angenähert durch die halb-empirische KAUFMANNsche Regel beschrieben werden.

Inhalt

A. Einleitung und Zielsetzung

Die Berechnung des *stationären Zustands* ist Voraussetzung jeder Stabilitätsbetrachtung. Entsprechende Untersuchungen der stoßbestimmten Plasmasäule liegen in verschiedenen Näherungen vor.
Das grundlegende Modell gab SCHOTTKY [1] an. Dieses Modell setzt ein quasineutrales, schwachionisiertes Plasma, bestehend aus einer Neutralteilchenart, einer Ionenart und Elektronen mit örtlich konstanter Teilchentemperatur voraus. Die Säule ist axial homogen, die mittlere freie Weglänge der Elektronen und Ionen wird als klein gegen den Radius angenommen. Ladungsträgererzeugung erfolgt durch Stöße zwischen Elektronen und Neutralteilchen, Teilchenverlust allein durch Rekombination der Ladungsträger an der Wand. In der Achse wird Regularität, an der Wand das Verschwinden der Funktion der Ladungsträgerdichte als Randbedingung gefordert.
In diesem SCHOTTKY-Modell beschreibt die Besselfunktion nullter Ordnung das Dichteprofil der Ladungsträger. Das axiale elektrische Feld erweist sich als stromunabhängig, im Widerspruch zu experimentellen Beobachtungen [2].
Zur Erklärung dieser experimentellen Abweichung wurde die SCHOTTKY-Näherung von verschiedenen Autoren modifiziert. SPENKE [3], KAGAN und LYAGUSHCHENKO [4] und WOJACZEK [5] untersuchen den Einfluß kumulativer Effekte. Unter der Annahme dominierender Stufenionisation geben sie numerische Lösungen der stationären Gleichungen.
Die Berücksichtigung der kumulativen Effekte trägt zur Deutung der fallenden Strom-Spannungs-Charakteristik bei. Mit wachsendem Strom, d. h. bei größeren Elektronenkonzentrationen genügt zur Aufrechterhaltung eines stationären Zustands schon eine kleinere Elektronentemperatur – und somit ein kleineres Feld – als bei reiner Direktionisation. Im Gegensatz zu kumulativen Effekten begünstigt Volumenrekombination eine Zunahme der Spannung mit wachsendem Strom [6, 7].
Die Theorie der Plasmasäule ohne die Beschränkung der Quasineutralität wurde von ECKER [8] entwickelt. Die berechnete Charakteristik stimmt in ihrem Verlauf gut mit den experimentellen Ergebnissen von MIERDEL und SCHMALENBERG [9] überein. Die fallende Charakteristik bei kleinen Strömen – im subnormalen Bereich – ist danach als eine Folge des Zusammenbruchs der ambipolaren Diffusion gedeutet.
Auch die Überlagerung eines longitudinalen Magnetfeldes bedingt Abweichungen des Dichteprofils und der Charakteristik vom SCHOTTKY-Verhalten [10].
Von zahlreichen Autoren [11–14] wurde die SCHOTTKYsche Diffusionstheorie auf Plasmasäulen mit mehreren Arten von Ionen und angeregten Neutralteilchen ausgedehnt.
In Berechnungen von WILHELM [15] wird die örtliche Temperaturinhomogenität teilweise berücksichtigt. Den Einfluß der Temperaturabhängigkeit aller Trans-

portkoeffizienten und des Erzeugungstermes untersuchen ECKER und ZÖLLER [16] Die berechneten radialen Abhängigkeiten weichen wesentlich von dem SCHOTTKY-Verhalten ab. Insbesondere ergeben die thermischen Effekte eine negative Charakteristik.

Zahlreiche Arbeiten beschäftigen sich mit *Stabilitätsfragen* der Plasmasäule [17–22]. Einen Überblick über die verschiedenen Instabilitäten findet man u. a. bei ECKER, KRÖLL und ZÖLLER [23], bei VEDENOV, VELIKOV und SAGDEEV [24] und bei BOESCHOTEN [25]. Eine zentrale Stellung nimmt die helische Instabilität [17, 18] einer Plasmasäule im longitudinalen Magnetfeld ein, die von KADOMTSEV und NEDOSPASOV [20], HOH [21] sowie von JOHNSON und JERDE [22] theoretisch untersucht wurde.

Alle diese Arbeiten sind nicht frei von mathematischen Mängeln. KADOMTSEV und NEDOSPASOV vermeiden die Problematik des Eigenwertproblems durch die ad hoc Annahme der Eigenlösungen – ein Verfahren, welches mit großen Unsicherheiten behaftet ist [20]. JOHNSON und JERDE beschränken die Säkularmatrix auf ein einziges Element und HOH beabsichtigt von vornherein nur eine qualitativ anschauliche Diskussion.

Trotz der beschriebenen Mängel liefern diese genannten Theorien den Einsatzpunkt der Instabilität in Abhängigkeit vom Magnetfeld in brauchbarer Übereinstimmung mit dem Experiment. Die ($m = 0$, $k = 0$)-mode erweist sich als stabil, der Einsatzpunkt der Instabilität ist durch die ($m = 1$)-mode bestimmt.

Bei den Berechnungen von KADOMTSEV und NEDOSPASOV sowie JOHNSON und JERDE bleiben thermische Effekte unbeachtet.

ECKER, KRÖLL und ZÖLLER [27] berücksichtigen, ausgehend von der »thermisch inhomogenen Plasmasäule« [16], bei ihren Stabilitätsberechnungen die thermischen Effekte. Damit konnten sie die Existenz einer ($m = 0$, $k = 0$)-Instabilität der Plasmasäule ohne äußeres Magnetfeld nachweisen. Der Einsatzpunkt dieser Instabilität wird durch die Parameter des äußeren elektrischen Stromkreises beeinflußt.

Um quantitativ die Theorie mit dem Experiment vergleichen zu können, ist eine genauere Berechnung nötig.

Absicht dieser Arbeit ist es, den allgemeinen Formalismus der Arbeiten von ECKER und ZÖLLER [16] und ECKER, KRÖLL und ZÖLLER [27] zur Deutung der KAUFMANNschen Instabilität [28] heranzuziehen. Dabei soll die Methode verfeinert und die Auswertung so verbessert werden, daß ein Vergleich mit den Messungen möglich ist.

B. Modell

Unser Modell ist eine unendlich lange, axial homogene kreiszylindrische Plasmasäule vom Radius R. Bei konstantem Druck werden in dem schwach ionisierten,

quasineutralen Heliumgas Ionen einer Art und Elektronen durch Volumenionisation erzeugt und durch Wandrekombination vernichtet. Ein axial gerichtetes, homogenes äußeres elektrisches Feld wird durch eine konstante Spannungsquelle über einen Ohmschen Widerstand im äußeren Kreis erzeugt.
Ferner verwenden wir im Rahmen unseres Modells zur Beschreibung von Diffusion und Beweglichkeit die bekannten kinetischen Beziehungen, in denen die freie Weglänge der Elektronen aus experimentellen Daten eingeführt wird. Zur Berechnung des Erzeugungskoeffizienten α verwenden wir unter der Voraussetzung der Direktionisation eine MAXWELL-Verteilung der Elektronen mit einer ebenfalls aus den Experimenten bekannten adaptierten Elektronentemperatur.
Es stellt sich die Frage, inwieweit dieses Modell zur Beschreibung der physikalischen Realität geeignet ist. Die Unsicherheit der Anwendbarkeit dieses Modells rührt fast ausschließlich von der Berechnung des α-Koeffizienten her.
Leider läßt sich die Güte unseres berechneten α-Koeffizienten nicht durch Vergleich mit experimentellen Daten abschätzen, da nur α-Messungen an Schwarm-Experimenten vorliegen, deren Anwendung auf die Säule nicht gerechtfertigt ist. Ebenso liegt eine theoretisch einwandfreie Behandlung unter Berücksichtigung der Stufenionisation und der durch die Elektron-Neutralteilchen- und Elektron-Elektron-Wechselwirkung bestimmten Verteilungsfunktion für die vorliegende Instabilitätsrechnung außerhalb des Möglichen.
In diesem Zusammenhang ist es bemerkenswert, daß Berechnungen mit einer variierten Form von α erkennen lassen, daß die wesentlichen Instabilitätsergebnisse von der speziellen Form des Ionisationskoeffizienten nicht entscheidend beeinflußt werden. Insbesondere sind auch unsere Schlußfolgerungen hinsichtlich des Vergleichs mit dem KAUFMANNschen Kriterium innerhalb des Modells konsistent.

C. Konzept

Bei der Berechnung der rotationssymmetrischen Plasmasäule lassen wir radiale Temperaturvariationen zu. Zur mathematischen Formulierung benutzen wir die Momentengleichungen für Teilchendichte, Impuls und Energie der drei Teilchenkomponenten. Wir brechen die Hierarchie der Transportgleichungen ab, indem wir für den Drucktensor die skalare Druckapproxiamation verwenden und den Wärmestrom durch das Produkt aus Wärmeleitfähigkeit und Temperaturgradienten ausdrücken. Im Rahmen unseres Modells läßt sich dann das System der Bilanzgleichungen auf ein gekoppeltes Differentialgleichungssystem für Elektronendichte und Neutralgastemperatur reduzieren.
Die Beschreibungsgleichungen der stationären Plasmasäule werden numerisch gelöst. Aufbauend auf die stationären Lösungen untersuchen wir die Entwicklung einer Störung mittels der nichtstationären Gleichungen.

Eine Dichtestörung (δn_e) ist über die Energiebilanz mit einer Temperaturstörung (δT) gekoppelt, diese ändert lokal den Erzeugungsterm ($\alpha(T_e) \cdot n_e$) und die Transportkoeffizienten. Andererseits hat die Dichtestörung eine Schwankung des Entladungsstroms (δI) zur Folge. Die daraus resultierende Änderung des elektrischen Feldes (δE) beeinflußt wiederum Teilchenerzeugung und -verlust. Diesen Zusammenhang skizzieren wir durch die beiden äußeren Zweige des folgenden Graphen. (Die mittlere gestrichelte Linie veranschaulicht den physikalischen Mechanismus der helischen Instabilität.)

$$\delta n_e \begin{array}{l} \nearrow \delta T \rightarrow \delta n_n \rightarrow \delta T_e \rightarrow \delta\left[\alpha(T_e) \cdot n_e\right] \\ \cdots\cdots\cdots\cdots\cdots\cdots \\ \searrow \delta I \rightarrow \delta E \rightarrow \delta T_e \rightarrow \delta\left[\vec{\nabla} \cdot \vec{\Gamma}(T_e, n_e)\right] \end{array} \tag{1}$$

Dabei bezeichnen n_e und T_e Elektronendichte bzw. -temperatur, n_n und T Neutralgasdichte bzw. -temperatur, I ist der Entladungsstrom, α der Erzeugungsterm pro Elektron und Zeiteinheit. n_e gibt die Elektronendichte an, Γ_e die Elektronenstromdichte.

Wir untersuchen die relativen marginalen Stabilitätsverhältnisse. Zur Bestimmung des Einsatzpunktes der Instabilität benutzen wir zwei Verfahren.

Im Bereich linearer Abweichungen von der SCHOTTKY-Approximation (bei der stationären Säule) entwickeln wir die Störungen nach einem adaptierten Orthogonalsystem und bestimmen den Einsatz der ($m = 0$, $k = 0$)-Instabilität durch eine »normal mode analysis«.

Im Bereich nichtlinearer Abweichungen von der SCHOTTKY-Approximation läßt sich das nach MYKLESTAD benannte Restgrößenverfahren [29] so modifizieren, daß es auf unser Stabilitätsproblem angewandt werden kann.

Die Ergebnisse vergleichen wir mit den Abschätzungen nach den Kriterien von KAUFMANN.

D. Das stationäre Verhalten der Helium-Plasmasäule

a) Transportgleichungen unter Berücksichtigung thermischer Effekte

Die stationären Transportgleichungen für Teilchenzahl, Impuls und Energie lauten

$$\operatorname{div} \vec{\Gamma}_k - \alpha_k n_e = 0. \tag{2}$$

$$\sum_l \nu_{kl} \left(\vec{\Gamma}_k - \frac{n_k}{n_l} \vec{\Gamma}_e \right) - \frac{e_k}{m_k} n_k \vec{E} + \operatorname{div} \left(\frac{\overleftrightarrow{P}_k}{m_k} \right) = 0 \tag{3}$$

$$\operatorname{div}\left\{\left(\frac{m_k}{2}v_k^2+\frac{3}{2}\frac{p_k}{n_k}\right)\vec{\Gamma}_k+\overleftrightarrow{p}_k\vec{v}_k+\vec{Q}_k\right\}-e_k\vec{\Gamma}_k\vec{E} \tag{4}$$
$$-\sum_l\frac{m_k}{m_k+m_l}\nu_{kl}n_k(m_l\overline{c_l^2}-m_k\overline{c_k^2})+\sum_{l,x}n_kV_{l,x}(\nu_{l,x}-\tilde{\nu}_{l,x})=0.$$

Hierin bedeuten:

ν_{kl} = Stoßfrequenz mit Neutralteilchen
$\tilde{\nu}$ = erfaßte Stöße zweiter Art
α = effektive Produktions- bzw. Vernichtungsraten
m = Masse der Teilchen
$\vec{v}$ = Driftgeschwindigkeit
$\vec{E}$ = elektrisches Feld
V_x = Anregungsenergie
ϱ_x = Stoßquerschnitt für inelastische Stöße
μ = Beweglichkeit
$\vec{\Gamma}$ = Teilchenstromdichte
n = Teilchendichte
e = Ladung der Teilchen
p = hydrostatischer Druck
$\vec{Q}$ = Wärmestrom
$\vec{c}$ = Teilchengeschwindigkeit
V = Potential

Die Indizes k, l stehen für n, i, e (Neutralteilchen bzw. Ionen bzw. Elektronen), x bezeichnet die verschiedenen Anregungszustände. Der Querstrich zeigt Mittelwertbildung über dem Geschwindigkeitsraum an.

Mit den Eigengeschwindigkeiten $\vec{C}_k=\vec{c}_k-\vec{v}_k$ schreibt sich der Tensor

$$\overleftrightarrow{P}_k=n_k m_k\overline{\vec{c}_k\vec{c}_k} \tag{5}$$

als

$$\overleftrightarrow{P}_k=n_k m_k\overline{\vec{C}_k\vec{C}_k}+n_k m_k\vec{v}_k\vec{v}_k=\overleftrightarrow{p}_k+n_k m_k\vec{v}_k\vec{v}_k \tag{6}$$

mit $\overleftrightarrow{p}_k$ als Drucktensor.

Der Wärmestrom $\vec{Q}_k$ ist durch

$$\vec{Q}_k=\tfrac{1}{2}\overline{n_k m_k C_k^2\vec{C}_k} \tag{7}$$

definiert.

Bei der Anschrift der Energiebilanz haben wir für inelastische Stöße die Approximation [12]

$$\int(c_k'^2-c_k^2)f_l(\vec{c}_l)f_k(\vec{c}_k)g_l\sum_x\varrho_{lx}d\Omega\,d\vec{c}_l\,d\vec{c}_k \tag{8}$$
$$=-\frac{2n_k}{m_k}\sum_x V_{lx}(\nu_{lx}-\tilde{\nu}_{lx})$$

benutzt. Dieser Term enthält alle Strahlungseffekte.

Als Randbedingungen fordern wir in der Achse ($r = 0$) Regularität für die Funktionen der Teilchendichte, Temperatur und des Potentials. Wir erhalten somit

$$r = 0: \quad \frac{dn_k}{dr} = 0, \quad \frac{dT_k}{dr} = 0, \quad \Gamma_{kr} = 0. \tag{9}$$

An der äußeren Begrenzung der Plasmasäule sind Teilchendichte, Temperatur und Teilchenstrom durch den stetigen Anschluß an die Verhältnisse in der Schicht gegeben. Im Rahmen der stoßbestimmten Säule ersetzen wir die Randbedingungen an der Wand ($r = R$) durch

$$r = R:$$
$$n_e = n_i = 0, \quad T_n = T_{n\,\mathrm{Wand}}, \quad \Gamma_{ir} = \Gamma_{er} = \Gamma_r \tag{10}$$

Zur Berechnung der Teilchendichten n_k, der Teilchenströme $\vec{\Gamma}_k$ und der Temperaturen T_k besitzen wir in den Gln. (2, 3, 4) und (9, 10) neun Differentialgleichungen mit den zugehörigen Randbedingungen. Dieses Gleichungssystem ist nicht abgeschlossen. Es enthält im Drucktensor $\overleftrightarrow{P_k}$ und im Wärmestrom $\vec{Q}_k$ Momente höherer Ordnung, deren exakte Beschreibung die Kenntnis weiterer Gleichungen der Momenten-Hierarchie erfordert.

Wir umgehen diese Schwierigkeit, indem wir die Hierarchie abbrechen. Hierzu benutzen wir die Beziehungen

$$\overleftrightarrow{P_k} = \overleftrightarrow{p_k} = \overleftrightarrow{I} n_k k T_k = \overleftrightarrow{I} p_k \tag{11}$$

für den Drucktensor und

$$\vec{Q}_k = -\lambda_k \operatorname{grad} T_k \tag{12}$$

für den Wärmestrom. $\overleftrightarrow{I}$ ist der Einheitstensor und λ_k die Wärmeleitfähigkeit.

In Gl. (11) wurde unter der Voraussetzung, daß die Driftenergie sehr viel kleiner als die thermische Energie ist, der Term $n_k m_k \overleftrightarrow{v_k v_k}$ gegen $\overleftrightarrow{p_k}$ vernachlässigt; Gl. (12) ergibt sich im Rahmen der ersten Enskogschen Näherung.

Das Problem läßt sich weiter vereinfachen durch die Forderungen von konstantem Druck, schwacher Ionisierung und Quasineutralität.

Für die Neutralgaskomponente erlaubt die Annahme von konstantem Druck und schwacher Ionisierung die Bilanzgleichungen für Teilchenzahl und Impuls durch die Beziehung

$$\sum_k p_k = p = p_n = \mathrm{const} \tag{13}$$

zu ersetzen. Wegen der Quasineutralität

$$n_e = n_i = n \tag{14}$$

entfällt die Teilchenbilanz der Ionen und die Poissongleichung ist in nullter Ordnung befriedigt.

Die Abweichung der Ionentemperatur von der Neutralgastemperatur ist wegen des starken Energieaustauschs bei Stößen zwischen Ionen und Neutralteilchen gering. Wir ersetzen deshalb die Energiebilanz der Ionen durch

$$T_i = T_n = T. \tag{15}$$

In der Energiebilanz der Elektronen sind – in dem uns interessierenden Bereich – Strahlungsverluste zu vernachlässigen. Wir vergleichen in dieser Bilanz einerseits die ersten drei Glieder des Divergenzausdruckes mit dem Term für Energiegewinn im äußeren elektrischen Feld und andererseits den Wärmestrom mit dem Stoßterm. Da die Driftenergie sehr viel kleiner ist als die thermische Energie, erhalten wir für den Stoßterm

$$\sum_l \frac{m_e}{m_e + m_l} \nu_{el} n_e (m_l \overline{c_l^2} - m_e \overline{c_e^2}) + \sum_{l,x} V_{l,x} (v_{lx} - \tilde{v}_{lx}) = \tfrac{3}{2} n k (T_e - T) \gamma \nu_{en}. \quad (16)$$

Für den mittleren relativen Energieverlust γ der Elektronen bei Stößen liegen Messungen [30] und Berechnungen [31] vor.
Der Vergleich zeigt, daß im Bereich

$$l_e < 2 R \gamma^{1/2} \quad (17)$$

nur die Terme für den Energiegewinn im elektrischen Feld und für die Stoßverluste zu berücksichtigen sind. l_e kennzeichnet die mittlere freie Weglänge der Elektronen. Im Bereich (17) lautet also die Energiebilanz der Elektronen

$$e \Gamma_{ez} E_z = \tfrac{3}{2} n k (T_e - T) \gamma \nu_{en}. \quad (18)$$

Entsprechend Gl. (18) geben die Elektronen im stationären Zustand ihre gesamte im äußeren elektrischen Feld gewonnene Energie durch Stöße an das Neutralgas ab. In der Energiebilanz der Neutralgaskomponente setzen wir diesen Energiegewinn gleich dem Energieverlust durch Wärmeleitung und erhalten unter Vernachlässigung von Strahlungsverlusten und Diffusion von Anregungsenergie zur Wand

$$\frac{1}{r} \frac{d}{dr} \left(r \lambda \frac{dT}{dr} \right) + e \Gamma_{ez} E_z = 0. \quad (19)$$

Bei der Diskussion der Impulsbilanz für Ionen und Elektronen vernachlässigen wir die mittlere Geschwindigkeit der neutralen gegen die der geladenen Teilchen. Wegen des geringen Ionisationsgrades bleiben Elektronen-Ionen-Stöße unberücksichtigt. Gl. (3) schreibt sich dann für die beiden Komponenten

$$\vec{\Gamma}_e = - n \mu_e \vec{E} - D_e \operatorname{grad} n - n D_e \operatorname{grad} (\ln T_e) \quad (20)$$

$$\vec{\Gamma}_i = n \mu_i \vec{E} - D_i \operatorname{grad} n - n D_i \operatorname{grad} (\ln T). \quad (21)$$

Aus Gl. (2) gewinnen wir die Differentialgleichung

$$\operatorname{div} (\vec{\Gamma}_i - \vec{\Gamma}_e) = 0, \quad (22)$$

deren Lösung sich wegen der axialen Homogenität, der Rotationssymmetrie und der Randbedingung (10) zu

$$\Gamma_{ir} = \Gamma_{er} = \Gamma_r \quad (23)$$

bestimmt.

In den Gln. (20, 21) bezeichnet D den Diffusionskoeffizienten, der über die Einsteinsche Relation

$$\frac{D_{i,e}}{\mu_{i,e}} = \frac{kT_{i,e}}{e} \tag{24}$$

mit der Beweglichkeit verknüpft ist.

Mit der Beziehung

$$T_e = \text{const} \cdot (E/p \cdot T)^{1/2} \tag{25}$$

zwischen Elektronen- und Neutralgastemperatur – diese Gleichung wird im folgenden diskutiert – erhalten wir aus Gln. (20, 21, 23) unter Berücksichtigung von $\mu_e \gg \mu_i$, $T_e \gg T$ und $D_a \approx D_i T_e/T$ für den radialen Ladungsträgerstrom

$$\Gamma_r = -D_a \frac{dn}{dr} - \frac{1}{2} n D_a \frac{d}{dr} \ln T \tag{26}$$

Nach Einsetzen von Gl. (26) in Gl. (2) erhalten wir zusammen mit Gl. (19) zur Bestimmung der Neutralgastemperatur T und der Elektronendichte n das gekoppelte Differentialgleichungssystem

$$\frac{1}{r} \frac{d}{dr}\left(r D_a \frac{dn}{dr}\right) + \frac{1}{2} \frac{1}{r} \frac{d}{dr}\left(r n D_a \frac{d \ln T}{dr}\right) + \alpha n = 0. \tag{27}$$

$$\frac{1}{r} \frac{d}{dr}\left(r \lambda \frac{dT}{dr}\right) + e \mu n E^2 = 0 \tag{28}$$

mit den Randbedingungen

$$r = 0: \quad \frac{dn}{dr} = 0; \quad \frac{dT}{dr} = 0 \tag{29}$$

$$r = R: \quad n = 0; \quad T = T_{n\,\text{Wand}}. \tag{30}$$

Die numerische Lösung der Gln. (27–30) ist möglich, wenn die Temperaturabhängigkeit und Größe des Erzeugungskoeffizienten und der Transportkoeffizienten bekannt sind.

b) Effektiver Erzeugungskoeffizient und Transportkoeffizienten

Fast alle Messungen [32, 33] des *Ionisierungskoeffizienten* wurden an Schwarm-Experimenten durchgeführt. Die Anwendung der so ermittelten Daten auf die Plasmasäule ist nicht gerechtfertigt.

Wir sind daher gezwungen, im Rahmen unseres Modells den Ionisierungskoeffizienten zu berechnen. Unter der Annahme einer Maxwell-Verteilung der Elektronen erhalten wir für die Zahl der ionisierenden Stöße pro Elektron und Sekunde

$$\frac{\alpha}{p} = \text{const} \cdot (kT_e)^{1/2} \cdot \exp\left[-\frac{eU_i}{kT_e}\right] \tag{31}$$

U_i bezeichnet das Ionisierungspotential, für Helium gilt $U_i = 24{,}5$ Volt.

Die Beziehung zwischen Elektronen- und Neutralgastemperatur en nehmen wir experimentellen Säulendaten und Rechnungen von MIERDEL [34]. Unter Verwendung der Zustandsgleichung folgt hieraus

$$T_e = C_1 \cdot \left(\frac{E}{p}\,\Theta\right)^{1/2} \; [^\circ\mathrm{K}] \tag{32}$$

mit $\Theta = T/300$. Hier und im folgenden bedeuten C_ν, g_ν, h_ν und a_ν nur von der Gasart abhängende Konstanten (s. Tab. 1).

Den Ionisationskoeffizienten schreiben wir somit in der Form

$$\frac{\alpha}{p} = C_2 \frac{1}{\Theta}\left(\frac{E}{p}\,\Theta\right)^{1/4} \exp\left[-\frac{17{,}5}{(E/p\cdot\Theta)^{1/2}}\right] \left[\frac{1}{\mathrm{s\ mm\ Hg}}\right] \tag{33}$$

Bei der Ermittlung der *Transportkoeffizienten* machen sich Unsicherheiten in der Kenntnis der Verteilungsfunktion im oberen Energiebereich nicht stark bemerkbar, da hier die gesamte Verteilungsfunktion gleichmäßig zum Integral beiträgt. Die Beweglichkeit der Elektronen berechnen wir nach der bekannten Näherungsformel

$$\mu_e = \frac{e}{m}\,\frac{l_e}{v_t} \tag{34}$$

wobei $v_t = (3\,kT_e/m)^{1/2}$ die mittlere thermische Geschwindigkeit und l_e die experimentell [34] bestimmte mittlere freie Weglänge der Elektronen ist. Für Helium erweist sich in dem uns interessierenden Temperaturbereich l_e als konstant. Folglich ergibt sich

$$\mu_e \cdot p = C_3\,\Theta\left(\frac{E}{p}\,\Theta\right)^{-1/4} \left[\frac{\mathrm{cm^2\ mm\ Hg}}{\mathrm{Vs}}\right]. \tag{35}$$

Messungen der Beweglichkeit von einfach positiv geladenen Heliumionen in Helium [35] geben über die Einsteinsche Relation (24) den Diffusionskoeffizienten der Ionenkomponente. Die Approximation $D_a \approx D_i T_e/T$ liefert dann für den ambipolaren Diffusionskoeffizienten

$$D_a \cdot p = C_4\,\Theta\left(\frac{E}{p}\,\Theta\right)^{1/2} \left[\frac{\mathrm{cm^2\ mm\ Hg}}{\mathrm{s}}\right] \tag{36}$$

in guter Übereinstimmung mit experimentellen Ergebnissen.

Für die Wärmeleitfähigkeit benutzen wir den Ausdruck

$$\lambda = C_5\,\Theta^{1/2} \left[\frac{\mathrm{cm\ g}}{\mathrm{s^3\ {}^\circ K}}\right] \tag{37}$$

c) Numerische Lösung

Das System (27, 28) mit den temperaturabhängigen Koeffizienten (33, 35, 36, 37) und den Randbedingungen (29, 30) ist numerisch nach geeigneten Umformungen lösbar. Hierzu führen wir eine geeignete Transformation der Variablen durch, die gleichzeitig ein Ähnlichkeitsgesetz aufzeigt. An Stelle der Variablen n, T und r setzen wir

$$T = a_0 y^2; \quad n = \frac{a_1 \cdot p}{(E/p)^2} \cdot z; \quad r = \frac{a_2}{p} \left(\frac{E}{p}\right)^{1/8} \cdot x \tag{38}$$

In den neuen Variablen schreibt sich das System (27, 28) explizit

$$\frac{d}{dx}\left(xy^3 \frac{dz}{dx}\right) + \frac{d}{dx}\left(xzy^2 \frac{dy}{dx}\right) + \frac{x \cdot z}{y^{3/2}} \cdot \exp\left[\frac{K_1}{y}\right] = 0 \tag{39}$$

$$\frac{d}{dx}\left(x \frac{dy^3}{dx}\right) + xy^{3/2} \cdot z = 0 \tag{40}$$

mit den Randbedingungen

$$x = 0 : \frac{dy}{dx} = 0; \quad \frac{dz}{dx} = 0 \tag{41}$$

$$x = x_E : y = 1; \quad z = 0. \tag{42}$$

Dabei benutzen wir die Abkürzung

$$K_1 = -\frac{17{,}5}{(E/p)^{1/2}} \tag{43}$$

Das durch die Transformation erzielte Ähnlichkeitsgesetz lautet: In Plasmasäulen mit identischen Werten von $R \cdot p$ und E/p sind die radialen Temperaturverteilungen identisch und die radialen Dichteverteilungen ähnlich. Die Dichte verhält sich direkt, der Radius und der Strom umgekehrt proportional zum Druck.

Für die Auswertung werden verschiedene Werte E/p und unterschiedliche auf den Druck reduzierte Achsendichten n_a/p im physikalisch interessanten Bereich gewählt.

Für die Temperatur in der Achse setzen wir zunächst einen geschätzten Wert ein und integrieren die Gln. (39, 40). Da im allgemeinen die Bedingungen (42) nicht gleichzeitig an einer Stelle erfüllt sind, berechnen wir mit einer Korrekturformel [36] einen neuen Anfangswert für die Temperatur und iterieren solange, bis die Bedingungen (42) an einer Stelle ($r = R$) erfüllt sind.

Die Ergebnisse dieser Rechnung sind in den Abb. 1–5 wiedergegeben.

E. Quantitative Instabilitätsuntersuchungen unter Berücksichtigung thermischer Effekte

a) Nichtstationäre Ausgangsgleichungen

Die Analyse des Stabilitätsverhaltens erfordert die Lösung der nichtstationären Gleichungen.

Wir schreiben die nichtstationären Gleichungen unter den folgenden vier Voraussetzungen an:

1. Es wird angenommen, daß die Elektronentemperatur sich verzögerungsfrei auf den momentanen Wert des elektrischen Feldes und der Teilchendichte einstellt. Diese Annahme ist gerechtfertigt, sofern die entsprechende Relaxationszeit τ_e sehr viel kleiner als die charakteristische Aufbauzeit τ der untersuchten Instabilität ist. Für die stoßbestimmte Säule schreibt sich diese Bedingung:

$$\tau \gg \tau_e = \frac{1}{\nu_{en}\,\gamma} \tag{44}$$

2. Für die Gültigkeit des Konzepts der ambipolaren Diffusion auch im nichtstationären Fall nehmen wir an, daß Raumladungen im Gleichgewicht sind. Dies beschränkt unsere Rechnung auf einen Bereich

$$\tau \gg \tau_R = \left(\frac{\pi\, m_e}{n e^2}\right)^{1/2} \tag{45}$$

3. Es wird vorausgesetzt, daß auch im nichtstationären Fall der Druck in der Entladung konstant ist. Das heißt, die Ausbreitungszeit τ_s des Schalls über den Durchmesser $2 \cdot R$ der Plasmasäule muß sehr viel kleiner als die Halbwertszeit der Instabilität sein.

$$\tau \gg \tau_s = 2 \cdot R \left(\frac{c_v}{c_p} \cdot \frac{m_n}{kT}\right)^{1/2} \tag{46}$$

c_v und c_p sind die spezifischen Wärmen bei konstantem Volumen bzw. Druck.

4. Wir beschränken uns auf Untersuchungen rotationssymmetrischer Zustände ($m = 0$).

Unter diesen Voraussetzungen erhalten wir die nichtstationären Gleichungen in der Form:

$$-\frac{\partial n}{\partial t} + \frac{1}{r}\frac{\partial}{\partial r}\left(r D_a \frac{\partial n}{\partial r}\right) + \frac{1}{2}\frac{1}{r}\frac{\partial}{\partial r}\left(r n D_a \frac{\partial}{\partial r}(\ln T)\right) + \alpha n = 0 \tag{47}$$

$$-\frac{\partial}{\partial t}(\varkappa T) + \frac{1}{r}\frac{\partial}{\partial r}\left(r \lambda \frac{\partial T}{\partial r}\right) + e \mu n E^2 = 0. \tag{48}$$

$\varkappa$ bezeichnet die Wärmekapazität, die im Rahmen unseres Modells durch

$$\varkappa = \frac{3}{2}\, n_n k = \frac{3}{2}\, p\, \frac{1}{T} \tag{49}$$

gegeben ist. Wegen der Annahme konstanten Druckes verschwindet die zeitliche Ableitung von $(\varkappa T)$.

Für die quasistationäre Beschreibung wählen wir wegen der Rotationssymmetrie die Randbedingungen

$$r = 0:\ \frac{\partial n}{\partial r} = 0;\ \frac{\partial T}{\partial r} = 0 \tag{50}$$

$$r = R : n = 0; \quad T = T_{n\,\mathrm{Wand}} \tag{51}$$

und berücksichtigen den äußeren Stromkreis in der Form

$$U_0 = I \cdot (\Omega_a + \Omega_i) = I \cdot \Omega_a + \int_0^d E dl = I \cdot \Omega_a + E d \tag{52}$$

Ω_a ist der äußere, rein Ohmsche Widerstand; d ist die als groß gegen R angenommene Länge der Säule, U_0 die konstante äußere Spannung; Ω_i ist der Innenwiderstand der Entladung.

Da wir uns für die relative marginale Instabilität interessieren, betrachten wir infinitesimale Abweichungen von der stationären Lösung durch den Ansatz

$$n = n_0(r) + n^{(1)}(r, t); \quad T = T_0(r) + T^{(1)}(r, t) \tag{53}$$

Der Index (0) kennzeichnet die stationären Lösungen, der Index (1) die Störungen.

Wir erhalten aus den Gln. (47, 48) ein Differentialgleichungssystem für die Dichte- und Temperaturabweichungen, indem wir $n^{(1)}$ und $T^{(1)}$ als klein annehmen und die Gleichungen linearisieren.

Für die Eigenlösungen machen wir die Ansätze

$$n^{(1)} = n_1(r) \cdot e^{\omega t}; \quad T^{(1)} = T_1(r)\, e^{\omega t}. \tag{54}$$

Mit den Abkürzungen

$$\Delta = \frac{n D_a}{T} \tag{55}$$

und

$$L = e E^2 \mu n \tag{56}$$

schreibt sich das lineare Differentialgleichungssystem in n_1 und T_1

$$-\omega n_1 + \frac{1}{r}\frac{d}{dr}\left(r D_{a0}\frac{dn_1}{dr}\right) + \frac{1}{r}\frac{d}{dr}\left(r D_{a1}\frac{dn_0}{dr}\right) + g_1 \frac{1}{r}\frac{d}{dr}\left(r \Delta_0 \frac{dT_1}{dr}\right)$$

$$+ g_1 \frac{1}{r}\frac{d}{dr}\left(r \Delta_1 \frac{dT_0}{dr}\right) + \alpha_0 n_1 + \alpha_1 n_0 = 0 \tag{57}$$

$$\frac{1}{r}\frac{d}{dr}\left(r \lambda_0 \frac{dT_1}{dr}\right) + \frac{1}{r}\frac{d}{dr}\left(r \lambda_1 \frac{dT_0}{dr}\right) + L_1 = 0 \tag{58}$$

mit den Randbedingungen

$$r = 0 : \frac{dn_1}{dr} = 0; \quad \frac{dT_1}{dr} = 0 \tag{59}$$

$$r = R : n_1 = 0; \quad T_1 = 0. \tag{60}$$

Die Störungen der Transportkoeffizienten, des Ionisierungskoeffizienten und der Ausdrücke (55, 56) in der Form

$$D_{a1} = D_{a0}\left[\frac{3}{2}\cdot\frac{T_1}{T_0} + \frac{1}{2}\frac{E_1}{E_0}\right] \tag{61}$$

$$\alpha_1 = \alpha_0 \left[\left(-\frac{3}{4} + \frac{1}{2} g_0\right)\frac{T_1}{T_0} + \left(\frac{1}{4} + \frac{1}{2} g_0\right)\frac{E_1}{E_0}\right] \tag{62}$$

$$g_0 = \frac{320}{(E_0/p)^{1/2} T_0^{1/2}} \tag{63}$$

$$\Delta_1 = \Delta_0 \cdot \left[\frac{n_1}{n_0} + \frac{1}{2}\frac{T_1}{T_0} + \frac{1}{2}\frac{E_1}{E_0}\right] \tag{64}$$

$$L_1 = L_0 \cdot \left[\frac{n_1}{n_0} + \frac{3}{4}\frac{T_1}{T_0} + \frac{7}{4}\frac{E_1}{E_0}\right] \tag{65}$$

bestimmen sich aus den in (D.b.) angegebenen Abhängigkeiten.

Die relative Störung des elektrischen Feldes E_1/E_0 ist durch die Stromstörung

$$I_1 = 2\pi E_0 \cdot \left[\int_0^R \mu_0 n_1 r\,dr + \frac{3}{4}\int_0^R \mu_0 n_0 \frac{T_1}{T_0} r\,dr + \frac{3}{4}\frac{E_1}{E_0}\int_0^R \mu_0 n_0 r\,dr\right] \tag{66}$$

und die erste Näherung von (52)

$$I_1 = -\frac{E_1}{\Omega_a} \cdot d \tag{67}$$

bedingt. Eliminieren wir aus (66, 67) I_1, so ergibt sich für die relative Änderung der elektrischen Feldstärke

$$\frac{E_1}{E_0} = -\sigma \frac{\int_0^R \mu_0 n_0 \left(\frac{n_1}{n_0} + \frac{3}{4}\frac{T_1}{T_0}\right) r\,dr}{\int_0^R \mu_0 n_0 r\,dr} \tag{68}$$

Der Parameter σ ist durch

$$\sigma = \frac{1}{\frac{3}{4} + \frac{\Omega_i}{\Omega_a}} \tag{69}$$

definiert.

Das System (57, 58) mit den Randbedingungen (59, 60) und den oben definierten Koeffizienten kann nun mathematisch behandelt werden.

b) Stabilitätsverhalten für kleine Abweichungen von der Schottky-Approximation

Eine analytische Lösung des Systems (57, 58) gelingt bei kleinen Abweichungen der stationären Lösung von der Schottky-Approximation. Die bekannten stationären Werte nach Schottky kennzeichnen wir durch den Index (00), die stationären Abweichungen mit (01) und schreiben an Stelle der Gleichungen (53, 54)

$$n = n_{00} + n_{01} + n_1 \cdot e^{\omega t}; \quad T = T_{00} + T_{01} + T_1 e^{\omega t} \tag{70}$$

Die Eigenlösungen n_1 und T_1 erfüllen in diesem Fall das Differentialgleichungssystem

$$-\omega n_1 + \frac{D_{a00}}{r}\frac{d}{dr}\left(r\frac{dn_1}{dr}\right) + \frac{D_{a1}}{r}\frac{d}{dr}\left(r\frac{dn_{00}}{dr}\right) + \alpha_{00} n_1 + \alpha_1 n_{00} = 0 \qquad (71)$$

$$\frac{\lambda_{00}}{r}\frac{d}{dr}\left(r\frac{dT_1}{dr}\right) + L_1 = 0, \qquad (72)$$

da man leicht die Abschätzungen

$$\left|g_{00}\frac{T_{01}}{T_{00}}\right| \ll 1; \quad \left|g_{00}\frac{E_{01}}{E_{00}}\right| \ll 1 \qquad (73)$$

und

$$\Delta_{00} = \frac{L_{00}}{\lambda_{00} T_{00}}\left(\frac{R}{2{,}4}\right)^2 \ll 1 \qquad (74)$$

verifiziert.

Mit den bekannten SCHOTTKY-Daten

$$D_{a00},\ \alpha_{00},\ \lambda_{00},\ E_{00},\ T_{00},\ g_{00} := \text{const} \qquad (75)$$

$$n_{00} = n_{0a} J_0\left(\beta_0 \frac{r}{R}\right)$$

$$L_{00} = e E_{00}^2 \mu_{00} n_{0a} J_0\left(\beta_0 \frac{r}{R}\right)$$

und den Koeffizienten (61–65), die man in ersichtlicher Weise auf SCHOTTKY-Daten für die stationäre Lösung umschreiben muß, können wir das System (71, 72) mit den Randbedingungen

$$r = 0: \quad \frac{dn_1}{dr} = 0 \quad \frac{dT_1}{dr} = 0 \qquad (76)$$

$$r = R: \quad n_1 = 0 \quad T_1 = 0 \qquad (77)$$

durch Reihenentwicklung nach geeigneten Orthogonalfunktionen lösen. In der englischsprachigen Literatur wird das Verfahren »normal mode analysis« genannt.

Die Randbedingungen (76, 77) sowie die auftretenden Differentialoperatoren legen für die ($m = 0$)-mode eine Entwicklung nach Besselfunktionen nahe.

$$n_1 = \sum_{\nu=0}^{\infty} a_\nu J_0\left(\beta_\nu \frac{r}{R}\right); \quad T_1 = \sum_{\nu=0}^{\infty} b_\nu J_0\left(\beta_\nu \frac{r}{R}\right) \qquad (78)$$

β_ν, $\nu = 0, 1, 2, \ldots$ sind die geordneten Nullstellen der Besselfunktion nullter Ordnung J_0. Die Koeffizienten a_ν bzw. b_ν werden durch die Orthogonalitätsrelation

$$\int_0^1 J_0(\beta_k \varrho) J_0(\beta_1 \varrho)\, \varrho\, d\varrho = \begin{cases} 0 & \text{für } k \neq l \\ \frac{1}{2} J_1^2(\beta_k) & \text{für } k = l \end{cases} \qquad (79)$$

festgelegt.

Die Bestimmungsgleichungen für die Koeffizienten a_ν und b_ν liefern eine unendliche Säkulardeterminante.

In dieser Determinante können wir Glieder, die Terme

$$\left\{\right\}_{kk}^{osk} \equiv \frac{\int_0^R J_0\left(\beta_0 \frac{r}{R}\right) J_1\left(\beta_s \frac{r}{R}\right) J_1\left(\beta_k \frac{r}{R}\right) r\,dr}{\int_0^R \left[J_0\left(\beta_k \frac{r}{R}\right)\right]^2 r\,dr} \tag{80}$$

mit $s > k$ enthalten, gegen die restlichen nichtverschwindenden Elemente vernachlässigen. Im Rahmen dieser Approximation läßt sich die Säkulardeterminante faktorisieren. Für die k-te »mode« erhalten wir die Determinante

$$\begin{vmatrix} -\omega + \alpha_{00}\left[1 - \frac{D_{a00}}{\alpha_{00}}\left(\frac{\beta_k}{R}\right)^2\right] - \sigma(b_2 + b_3 g_{00})\,\alpha_{00}\,\delta_{k,0} & \\ \times\left[1 - \frac{b_7}{b_2 + b_3 g_{00}}\right]; & g_3 \frac{\alpha_{00}\, g_{00}\, n_{0a}}{T_{00}} \left\{\right\}_{kk}^{0kk} \\ e E_{00}^2 \mu_{00}\left[1 - \delta_{k,0}\,\sigma(2 + n_5)\right]; & -\lambda_{00}\left(\frac{\beta_k}{R}\right)^2 \end{vmatrix} = 0. \tag{81}$$

Aus (81) berechnen wir den Eigenwert ω für die beiden Fälle

1. $k = 0$:

$$\begin{aligned} \omega = {} & \alpha_{00} - \sigma(b_2 + b_3 g_{00}) \cdot \alpha_{00} \cdot \left[1 - \frac{b_7}{b_2 + b_3 g_{00}}\right] \\ & + e E_{00}^2 \mu_{00}\left[1 - \sigma(2 + n_5)\right] g_3 \frac{\alpha_{00}\, g_{00}\, n_{0a}}{\lambda_{00} T_{00}} \left\{\right\}_{00}^{000} \left(\frac{R}{\beta_0}\right)^2 \end{aligned} \tag{82}$$

2. $k > 0$:

$$\begin{aligned} \omega = {} & \alpha_{00}\left[1 - \frac{D_{a00}}{\alpha_{00}}\left(\frac{\beta_k}{R}\right)^2\right] \\ & + e E_{00}^2 \mu_{00}\, g_3 \frac{\alpha_{00}\, g_{00}\, n_{0a}}{\lambda_{00} T_{00}} \left\{\right\}_{kk}^{0kk} \left(\frac{R}{\beta_k}\right)^2. \end{aligned} \tag{83}$$

Die Auswertung zeigt, daß der Einsatzpunkt der Instabilität durch die ($k = 0$)-mode bestimmt ist. Der kritische Strom $I_{kr}(\omega = 0)$ wird für Helium durch die Formel

$$(I \cdot p)_{kr} \frac{E_{00}}{p} = 1{,}26 \cdot 10^3 \frac{\sigma}{1 - \frac{7}{4}\sigma} \left[\mathrm{mA}\,\frac{\mathrm{V}}{\mathrm{cm}}\right] \tag{84}$$

gegeben.

Die Beziehung (84) werten wir mittels der SCHOTTKY-Relation

$$\frac{\alpha_{00}}{D_{a00}} = \left(\frac{\beta_0}{R}\right)^2 \tag{85}$$

aus. Dabei erhalten wir aus den Gln. (33, 36) für α_{00}/p bzw. $D_{a00} \cdot p$

$$R \cdot p = 1{,}1 \cdot 10^{-2} \left(\frac{E_{00}}{p}\right)^{1/8} \exp\left[\frac{8{,}75}{(E_{00}/p)^{1/2}}\right] \text{[cm mm Hg]} \tag{86}$$

Die Gln. (84, 86) ergeben im Rahmen linearer thermischer Effekte ($\sigma \ll 1$, vgl. Gln. (69, 87)) $(I \cdot p)_{kr}$ als Funktion von $R \cdot p$ mit σ als Parameter.

In dieser Arbeit untersuchen wir den expliziten Einfluß des äußeren Widerstandes auf das Stabilitätsverhalten. Dazu ist es nötig, für bestimmte Werte $R \cdot p$ den kritischen Strom in Abhängigkeit von $\Omega_a/(p^2 \cdot d)$ zu berechnen. Vermöge Gl. (69) und der Relation

$$\Omega_i = p^2 d \, \frac{E_{00}/p}{I \cdot p} \tag{87}$$

erhalten wir für Helium

$$\frac{\Omega_a}{p^2 \cdot d} = \frac{\dfrac{E_{00}}{p}}{(I \cdot p)_{kr} \cdot \left(\dfrac{1}{\sigma} - \dfrac{3}{4}\right)} \tag{88}$$

Man weist leicht nach, daß für ein fest gewähltes $R \cdot p$ $(I \cdot p)_{kr}$ als Funktion von $\Omega_a/(p^2 \cdot d)$ monoton fällt.

In Abb. 6 ist für große Werte $\Omega_a/(p^2 \cdot d)$ die Beziehung (88) ausgewertet.

c) Exakte Lösung der linearen nichtstationären Gleichungen nach dem Myklestad-Verfahren

Bei der Lösung des Eigenwertproblems können wir uns auf das Auffinden der Eigenlösungen n_1 und T_1 und der zugehörigen Parameterwerte zum Eigenwert $\omega = 0$ beschränken. Im Rahmen unseres Modells gibt $\omega = 0$ gerade den Einsatzpunkt der Instabilität an.

Die Lösung des Systems ist durch das Integral

$$\frac{E_1}{E_0} = -\sigma \frac{\int_0^R \mu_0 n_0 \left(\frac{n_1}{n_0} + g_5 \frac{T_1}{T_0}\right) r\,dr}{\int_0^R \mu_0 n_0 r\,dr} \tag{89}$$

erschwert. Durch eine Abbildung des gesamten σ-Parameterbereiches

$$0 \leqq \sigma \leqq \tfrac{4}{3} \tag{90}$$

auf den neuen Parameterbereich A_σ vermöge der Vorschrift

$$A_\sigma = -\sigma \frac{\int_0^R \mu_0 n_0 \left(\frac{n_1}{n_0} + g_5 \frac{T_1}{T_0}\right) r\,dr}{\int_0^R \mu_0 n_0 r\,dr} \tag{91}$$

läßt sich diese Schwierigkeit umgehen.

Das Gleichungssystem (57, 58) kürzen wir formal durch

$$M_1[n_1] + M_2[T_1] = A_\sigma g(r) \tag{92}$$

$$M_3[T_1] - n_1 = -(2 + h_5)\, A_\sigma L_0(r) \tag{93}$$

ab, wobei die homogenen linearen Operatoren M_ν durch

$$M_1[\chi] = -\omega\chi + \frac{1}{r}\frac{d}{dr}\left(r D_{a0}\frac{d\chi}{dr}\right) + g_1\frac{1}{r}\frac{d}{dr}\left(r\frac{\Delta_0}{n_0}\chi\frac{dT_0}{dr}\right) + \alpha_0\chi \tag{94}$$

$$\begin{aligned} M_2[\chi] = {} & \frac{3}{2}\frac{1}{r}\frac{d}{dr}\left(r D_{a0}\frac{\chi}{T_0}\frac{dn_0}{dr}\right) + g_1\frac{1}{r}\frac{d}{dr}\left(r\Delta_0\frac{d\chi}{dr}\right) \\ & + \frac{1}{2}g_1\frac{1}{r}\frac{d}{dr}\left(r\frac{\Delta_0}{T_0}\chi\frac{dT_0}{dr}\right) + \alpha_0\left(-\frac{3}{4} + \frac{1}{2}g_0\right)\frac{\chi}{T_0}n_0 \end{aligned} \tag{95}$$

$$M_3[\chi] = -\left[\frac{1}{r}\frac{d}{dr}\left(r\lambda_0\frac{d\chi}{dr}\right) + \frac{1}{2}\frac{1}{r}\left(\frac{\lambda_0}{T_0}\chi\frac{dT_0}{dr}\right) + \frac{3}{4}\frac{L_0}{T_0}\chi\right]\frac{n_0}{L_0} \tag{96}$$

definiert sind. Die Funktion $g(r)$ und die Konstanten g_ν bzw. h_ν bestimmen sich aus (57) und (58). Führen wir den Operator

$$M[\chi] = M_1[M_3[\chi]] + M_2[\chi] \tag{97}$$

ein, so ergibt sich die Differentialgleichung

$$M[T_1] = A_\sigma q(r) \tag{98}$$

mit

$$M_1[(2 + h_5)\, A_\sigma L_0(r)] = A_\sigma q(r) \tag{99}$$

$$q(r) = g(r) - h(r) \tag{100}$$

Für den Übergang vom Gleichungssystem (57, 58) zu der Differentialgleichung (98) betrachten wir σ als variabel und die Größe A_σ als konstant. Nach Kenntnis der Eigenlösungen n_1 und T_1 ist für ein vorgegebenes A_σ der Parameter σ aus Gl. (91) zu bestimmen.

Unter Verwendung der Gl. (58) lassen sich die Randbedingungen für n_1 in solche für T_1 transformieren. Abkürzend schreiben wir auch im folgenden dafür $n_1|_{r=R} = 0$ bzw. $\left.\frac{dn_1}{dr}\right|_{r=0} = 0$, z. B. steht $n_1|_{r=R} = 0$ für

$$\left.\frac{d^2T_1}{dr^2}\right|_R = -a_R\left.\frac{dT_1}{dr}\right|_R \tag{101}$$

mit

$$a_R = \frac{1}{R} + \frac{1}{\lambda_0(R)}\left.\frac{d\lambda_0}{dr}\right|_R + g_8\frac{1}{T_0(R)}\left.\frac{dT_0}{dr}\right|_R \tag{102}$$

Da diese Randbedingungen homogen sind, kann man die allgemeine Lösung des Randwertproblems nach dem Restgrößenverfahren [29] aus den Lösungen eines geeignet gewählten Anfangswertproblems superponieren. Wir skizzieren das Verfahren an Hand der Differentialgleichung (98).

Bei der Behandlung von (98) als Anfangswertproblem bleiben zwei der vier »Anfangswerte« $T_1(R)$, $\left.\frac{dT_1}{dr}\right|_R$, $\left.\frac{d^2T_1}{dr^2}\right|_R$, $\left.\frac{d^3T_1}{dr^3}\right|_R$ willkürlich, die beiden anderen sind durch die Forderungen $T_1|_{r=R} = 0$ und $n_1|_{r=R} = 0$ festgelegt. Wir suchen jedoch nur solche Funktionen, die gleichzeitig die Endrandbedingungen $\left.\frac{dT_1}{dr}\right|_{r=0} = 0$ und $\left.\frac{dn_1}{dr}\right|_{r=0} = 0$ befriedigen. Nach dem Verfahren von MYKLESTAD bestimmt man dazu zwei Lösungen $T_1^{(1)}(r)$ und $T_1^{(2)}(r)$ der Gleichungen

$$M[T_1^{(1)}] = A'_\sigma q(r), \quad M[T_1^{(2)}] = A'_\sigma q(r) \tag{103}$$

zum Eigenwert ω und zum Parameter A'_σ mit den Anfangswerten

$$\begin{array}{lcl} T_1^{(1)}\ (R) = 0 & & T_1^{(2)}\ (R) = 0 \\ T_1^{(1)'}\ (R) = 0 & \text{bzw.} & T_1^{(2)'}\ (R) = 1 \\ T_1^{(1)''}\ (R) = 0 & & T_1^{(2)''}\ (R) = -a_R \\ T_1^{(1)'''}(R) = 1 & & T_1^{(2)'''}(R) = 0 \end{array} \tag{104}$$

Die beiden Funktionen erfüllen die Bedingungen an der Wand, allerdings im allgemeinen nicht die Forderungen für die Werte in der Achse. Aus $T_1^{(1)}$ und $T_1^{(2)}$ bilden wir die Linearkombination

$$T_1 = C_1 T_1^{(1)} + C_2 T_1^{(2)}. \tag{105}$$

Diese befriedigt die Anfangsrandbedingungen, die Konstanten C_1 und C_2 wählen wir so, daß T_1 auch den Endrandbedingungen genügt. Zur Berechnung der Koeffizienten C_1 und C_2 erhalten wir somit ein homogenes Gleichungssystem; notwendig und hinreichend für die Lösbarkeit ist das Verschwinden der entsprechenden Determinante. Diese Bedingung ist bei festem ω für einen Wert A'_σ erfüllt. C_1 und C_2 lassen sich dann bis auf einen gemeinsamen Faktor ermitteln – in Übereinstimmung mit der Tatsache, daß wegen der Homogenität und Linearität unseres Problems die Amplituden der Störungen unbestimmt bleiben.
Die Funktion $T_1(r)$ in der Form (105) löst die Differentialgleichung (98) mit

$$A_\sigma = (C_1 + C_2)\, A'_\sigma \tag{106}$$

und erfüllt alle geforderten Randbedingungen. Wir haben damit die Möglichkeit, die Eigenlösungen unseres Problems aus zwei Funktionen, die wir durch Integration eines Anfangswertproblems numerisch gewinnen, linear zusammenzusetzen. Mit der angegebenen Konstruktionsmethode erfassen wir im übrigen alle Lösungen des Systems (57, 58) mit den Randbedingungen (59, 60).
Da wir uns für die relative marginale Instabilität interessieren, setzen wir $\omega = 0$ und bestimmen aus den Gln. (91, 106) den zu A'_σ gehörenden Wert σ. Der kritische σ-Wert (σ_{kr}) ist eine Funktion der Parameter der stationären Lösung, $\sigma_{kr} = f[E_0/p, (I \cdot p)_{kr}, R \cdot p]$.
In dieser Arbeit untersuchen wir den Einfluß des äußeren Widerstandes auf das Stabilitätsverhalten der Plasmasäule. Dazu ist es nötig, für bestimmte $R \cdot p$-

Werte den kritischen Strom $(I \cdot p)_{kr}$ in Abhängigkeit von $\Omega_a/p^2 d$ zu berechnen. Wir benutzen hierbei die Relationen (87, 88).
Die numerische Lösung $\sigma_{kr} = f[E_0/p, (I \cdot p)_{kr}, R \cdot p]$ liefert zusammen mit Gl. (88) den kritischen Strom $(I \cdot p)_{kr}$ als Funktion von $\Omega_a/p^2 d$ mit $R \cdot p$ als Parameter (s. Abb. 6).

F. Ergebnisse und Diskussion

In der vorliegenden Arbeit haben wir den Einfluß thermischer Effekte auf die radialen Dichte- und Temperaturprofile, die Strom-Spannungscharakteristik sowie das Stabilitätsverhalten einer Helium-Plasmasäule untersucht.
Ausgehend von der Bessel-Verteilung der SCHOTTKY-Theorie wird die radiale Dichteverteilung der Elektronen mit wachsendem Strom aufgeweitet (Abb. 1). Gleichzeitig gewinnt die Verteilung der Neutralgastemperatur eine ausgeprägte parabelförmige Radialabhängigkeit (Abb. 2). Die Strom-Spannungscharakteristik der stationären Plasmasäule wird unter dem Einfluß thermischer Effekte negativ (Abb. 3). Inwieweit der experimentell gefundene negative Gradient der Säule durch andere, beispielsweise kumulative Effekte mitbestimmt wird, kann natürlich im Rahmen unseres Modells nicht abgeschätzt werden. Die Abhängigkeit der Elektronendichte und der Neutralgastemperatur in der Achse als Funktion von $I \cdot p$ ist in den Abb. 4 bzw. 5 dargestellt.
Die nichtstationäre Rechnung für die ($m = 0$, $k = 0$)-mode ergibt, daß die thermische Plasmasäule unterhalb eines kritischen Stromes stets instabil ist (Abb. 6). Der kritische Strom fällt mit zunehmendem Außenwiderstand und abnehmender Säulenlänge.
Die quantitative Auswertung läßt einen Vergleich mit früheren Stabilitätsuntersuchungen von KAUFMANN [28] zu. KAUFMANN leitete an Hand eines nicht näher begründeten Ersatzschaltbildes ein Stabilitätskriterium für die Glimmentladung her. Als notwendige und hinreichende Bedingung für Stabilität erhielt er die Ungleichung

$$1 + \frac{1}{\Omega_a} \frac{df}{dI} > 0. \tag{107}$$

Die Funktion $U = f(I)$ ist die stationäre Charakteristik.
Das Kriterium (107) ist bei steigender Charakteristik stets befriedigt. Die notwendige und hinreichende Bedingung für Stabilität bei fallender Charakteristik lautet

$$\Omega_a > \left| \frac{df}{dI} \right|. \tag{108}$$

Die Aussage des Kriteriums (36) vergleichen wir nun mit den von uns analytisch bestimmten Stabilitätseigenschaften der Säule.

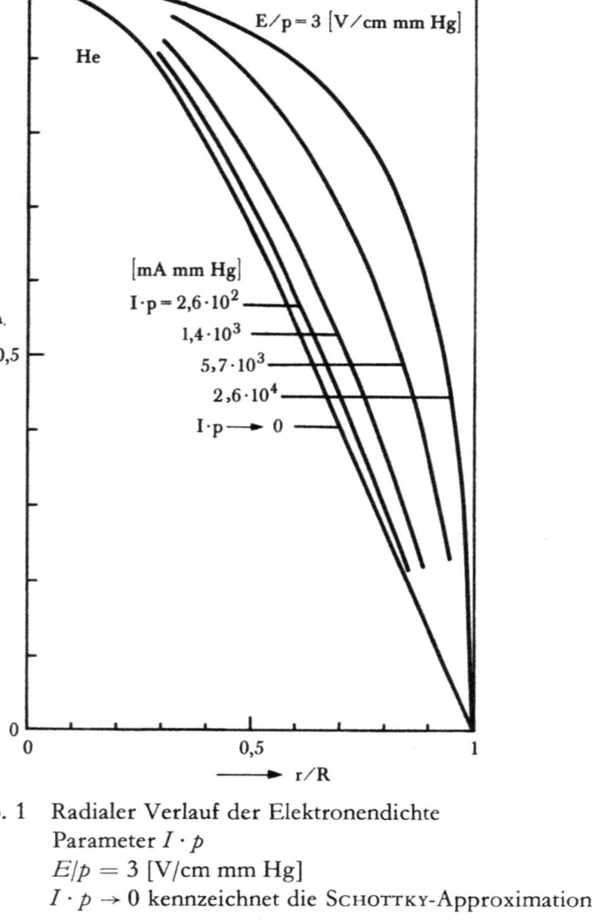

Abb. 1 Radialer Verlauf der Elektronendichte
Parameter $I \cdot p$
$E/p = 3$ [V/cm mm Hg]
$I \cdot p \to 0$ kennzeichnet die SCHOTTKY-Approximation

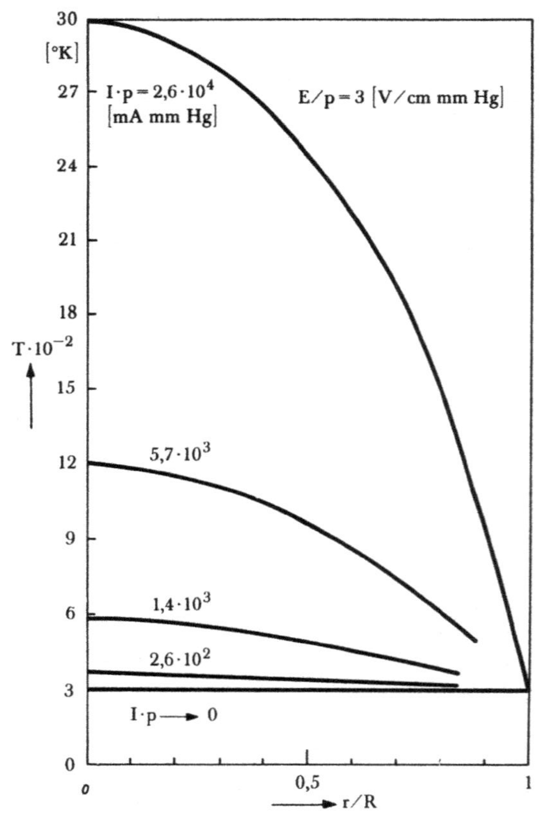

Abb. 2 Radiale Verteilung der Neutralgastemperatur
Parameter $I \cdot p$
$E/p = 3$ [V/cm mm Hg]

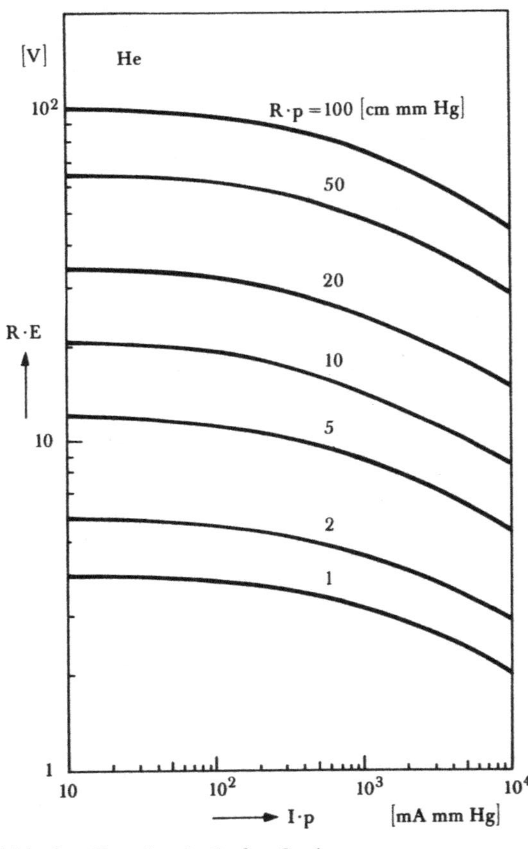

Abb. 3 Charakteristik der Säule
Parameter $R \cdot p$

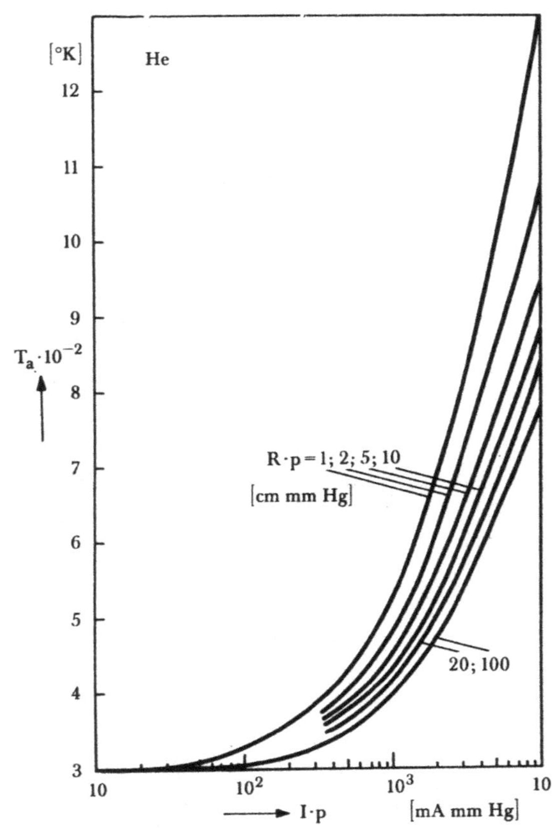

Abb. 4 Abhängigkeit der Elektronendichte in der Achse von $I \cdot p$
Parameter $R \cdot p$

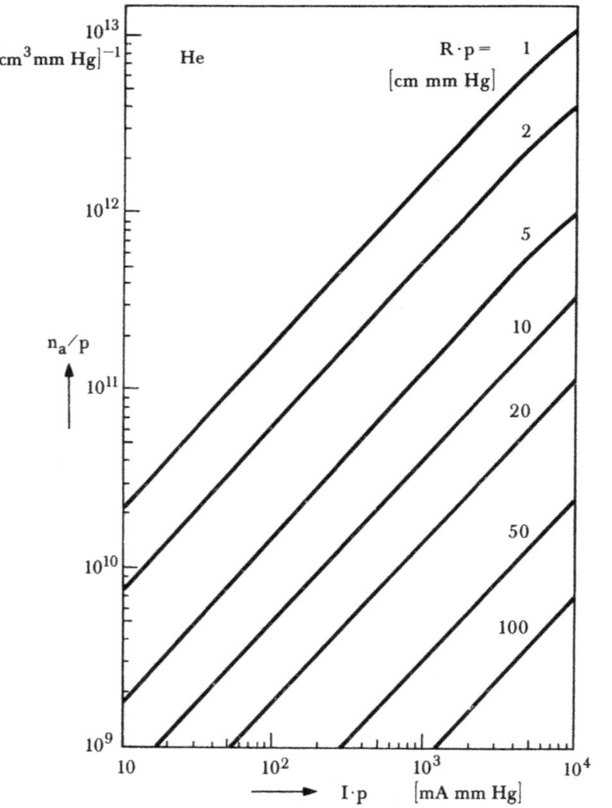

Abb. 5
Neutralgastemperatur T_a in der Achse als Funktion von $I \cdot p$
Parameter $R \cdot p$

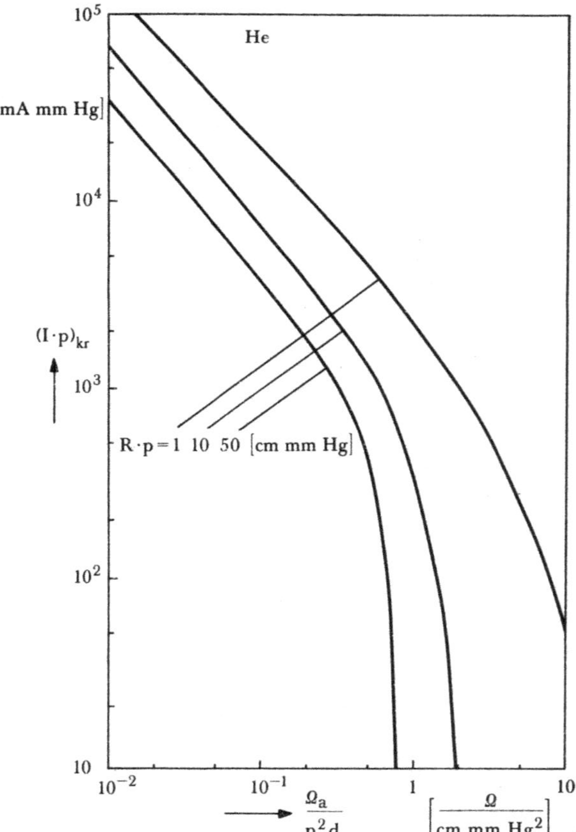

Abb. 6
Abhängigkeit des kritischen Stromes $(I \cdot p)_{kr}$ von $\Omega_a/(p^2 \cdot d)$
$R \cdot p = 10$ cm mm Hg

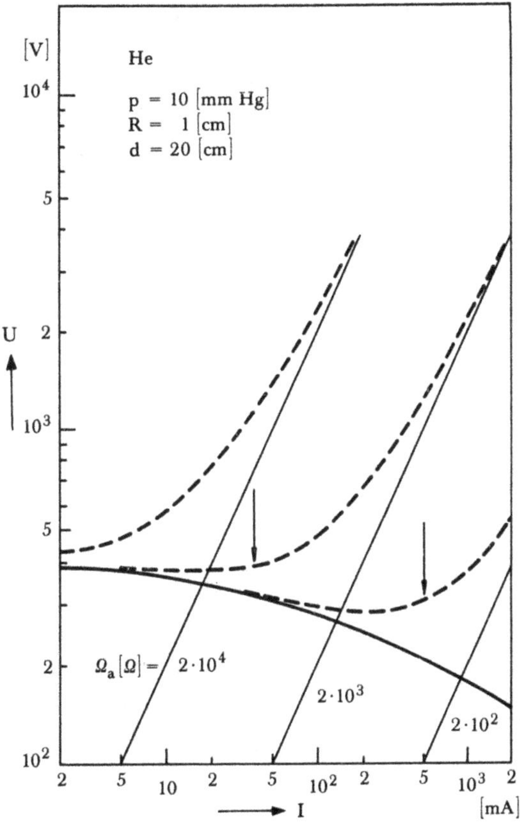

Abb. 7 Charakteristik der Entladung unter Berücksichtigung des äußeren Stromkreises Parameter Ω_a

Dazu haben wir in Abb. 7 für eine bestimmte Entladung die Charakteristik $U = f(I)$ und die Widerstandsgeraden für verschiedene Außenwiderstände eingezeichnet. Die gestrichelte Kurve gibt für jeden Widerstand Ω_a den Verlauf der Funktion $F(I) = f(I) + I\Omega_a$ an. Bei einem vorgegebenen Außenwiderstand erwarten wir nach (108) stabiles Verhalten in dem Strombereich, in dem die Funktion F monoton steigt.

Die von uns berechneten kritischen Ströme sind in Abb. 7 mit einem Pfeil markiert. Wir erkennen, daß im Rahmen der Rechengenauigkeit die kritischen Ströme in die Minima der Gesamtcharakteristiken fallen.

Wie bereits zu Anfang betont, erscheint bei dem dieser Arbeit zugrunde liegenden Modell im wesentlichen der Erzeugungskoeffizient unsicher. Nach neueren theoretischen und experimentellen Untersuchungen für Neon- und Argonsäulen ist sowohl die Gültigkeit der Maxwell-Verteilung als auch die Vernachlässigung von Stufenionisation bei der Berechnung von α fraglich. Eine genaue Berechnung des Erzeugungskoeffizienten unter Einschluß kumulativer Effekte ist wegen fehlender Daten für die Übergangswahrscheinlichkeit in Helium zur Zeit nicht möglich. Unabhängig davon ist eine vollständige Berücksichtigung kumulativer Effekte in unserer Instabilitätsrechnung wegen des dazu erforderlichen numerischen Aufwandes praktisch ausgeschlossen.

Die numerischen Rechnungen wurden auf der IBM 7090 des Rheinisch-Westfälischen Instituts für Instrumentelle Mathematik in Bonn durchgeführt.

Tab. 1

ν	h_ν	g_ν	C_ν	a_ν
0	–	–	–	300
1	0,5	0,5	$1{,}6 \cdot 10^4$	$1{,}1 \cdot 10^{14}$
2	0,25	$-0{,}75$	$5{,}6 \cdot 10^8$	$4{,}7 \cdot 10^{-3}$
3	0,5	0,5	$8 \cdot 10^5$	–
4	$-0{,}5$	$-0{,}5$	$1{,}2 \cdot 10^4$	–
5	$-0{,}25$	0,75	$1{,}5 \cdot 10^4$	–
6	0	1	–	–
7	0,5	1,5	–	–
8	0	0,5	–	–
9	0	-1	–	–

G. Literaturverzeichnis

[1] Schottky, W., Phys. Z. **25**, 342, 635 (1924).
[2] Rompe, A. und R. Seeliger, Ann. Physik **15**, 300 (1932).
[3] Spenke, E., Z. Phys. **127**, 221 (1950).
[4] Kagan, Yu. M. und R. I. Lyagushchenko, Sov. Phys. Techn. Phys. **9**, 1445 (1965).
[5] Wojaczek, K., Beiträge aus der Plasmaphysik **6**, 211 (1966).
[6] Seeliger, R., Z. Naturf. **8a**, 74 (1953).
[7] Fabrikant, V., Compt. Rend. Acad. Sci. USSR **24**, 531 (1939).
[8] Ecker, G., Proc. Phys. Soc. B **67**, 485 (1954).
[9] Mierdel, G. und W. Schmalenberg, Wiss. Veröff. Siemens-Werk **15**, 60 (1936).
[10] Ecker, G., Phys. Fluids **4**, 127 (1961).
[11] Seeliger, R., Ann. Phys. **6**, 93 (1949).
[12] Wilhelm, J., Ann. Phys. **5**, 129 (1960).
[13] Koniukov, M. V., Zh. Eksperim. i Teor. Fiz. **34**, 908 (1958); Engl. Übers.: Sov. Phys. JETP **7**, 629 (1958).
[14] Albrecht, G. und G. Ecker, Z. Naturf. **17a**, 848 (1962).
[15] Wilhelm, J., Naturwiss. **46**, 1 (1959).
[16] Ecker, G. und O. Zöller, Phys. Fluids **7**, 1996 (1964).
[17] Hoh, F. C. und B. Lehnert, Phys. Fluids **3**, 600 (1960).

[18] ALLEN, T. K., G. A. PAULIKAS und R. V. PYLE, Phys. Fluids **5**, 348 (1962).
[19] WÖHLER, K. H., Z. Naturf. **17a**, 937 (1962).
[20] KADOMTSEV, B. B. und A. V. NEDOSPASOV, J. Nuclear Energy Pt. C **1**, 230 (1960).
[21] HOH, F. C., Rev. Theor. Phys. **34**, 267 (1962).
[22] JOHNSON, R. R. und D. A. JERDE, Phys. Fluids **8**, 988 (1962).
[23] ECKER, G., W. KRÖLL und O. ZÖLLER, Technical Report FTR III, Universität Bonn (1962).
[24] VEDENOV, A. A., E. P. VELIKHOV und R. Z. SAGDEEV, Usp. Fiz. Nauk **73**, 701 (1961); Engl. Übers.: Sov. Phys. Uspekhi **4**, 332 (1961).
[25] BOESCHOTEN, F., J. Nucl. Energy Pt C **6**, 339 (1964).
[26] ECKER, G., Proc. of the International School of Physics, Enrico Fermi Course XXV, 97 (1964).
[27] ECKER, G., W. KRÖLL und O. ZÖLLER, Phys. Fluids **7**, 2001 (1964).
[28] KAUFMANN, W., Ann. Phys. **2**, 158 (1900).
[29] ZURMÜHL, R., Praktische Mathematik, S. 443, Springer Verlag (1963).
[30] BICKERTON, R. J. und A. VON ENGEL, Proc. Phys. Soc. B **69**, 468 (1946).
[31] LEHNERT, B., 2nd UN Geneva Conference **32**, 349 (1958).
[32] DRUYVESTEYN, M. S. und F. M. PENNING, Rev. Mod. Phys. **12**, 87 (1940).
[33] VON ENGEL, A., in: Handbuch der Physik, herausgegeben von S. FLÜGGE, Springer Verlag Berlin, Vol. XXI, p. 504.
[34] MIERDEL, G., Naturwiss. **26**, 79 (1938).
[35] BROWN, S. C., Basic Data of Plasma Physics, John Wiley & Sons, Inc. New York (1959).
[36] FOX, L., Numerical Solution of Ordinary and Partial Differential Equations, Pergamon Press (1962).

GPSR Compliance
The European Union's (EU) General Product Safety Regulation (GPSR) is a set of rules that requires consumer products to be safe and our obligations to ensure this.

If you have any concerns about our products, you can contact us on

ProductSafety@springernature.com

In case Publisher is established outside the EU, the EU authorized representative is:

Springer Nature Customer Service Center GmbH
Europaplatz 3
69115 Heidelberg, Germany

www.ingramcontent.com/pod-product-compliance
Ingram Content Group UK Ltd.
Pitfield, Milton Keynes, MK11 3LW, UK
UKHW061700190726
13853UKWH00008B/2319
* 9 7 8 3 6 6 3 0 6 3 0 6 3 *